spot

LOS GATOS SALVAJES

LOS GATOS MONTESES

por Alissa Thielges

AMICUS | AMICUS INK

cola

marcas

Busca estas palabras e imágenes mientras lees.

ojos

patas

Un gato montés
se para en un árbol.
Está listo para cazar.

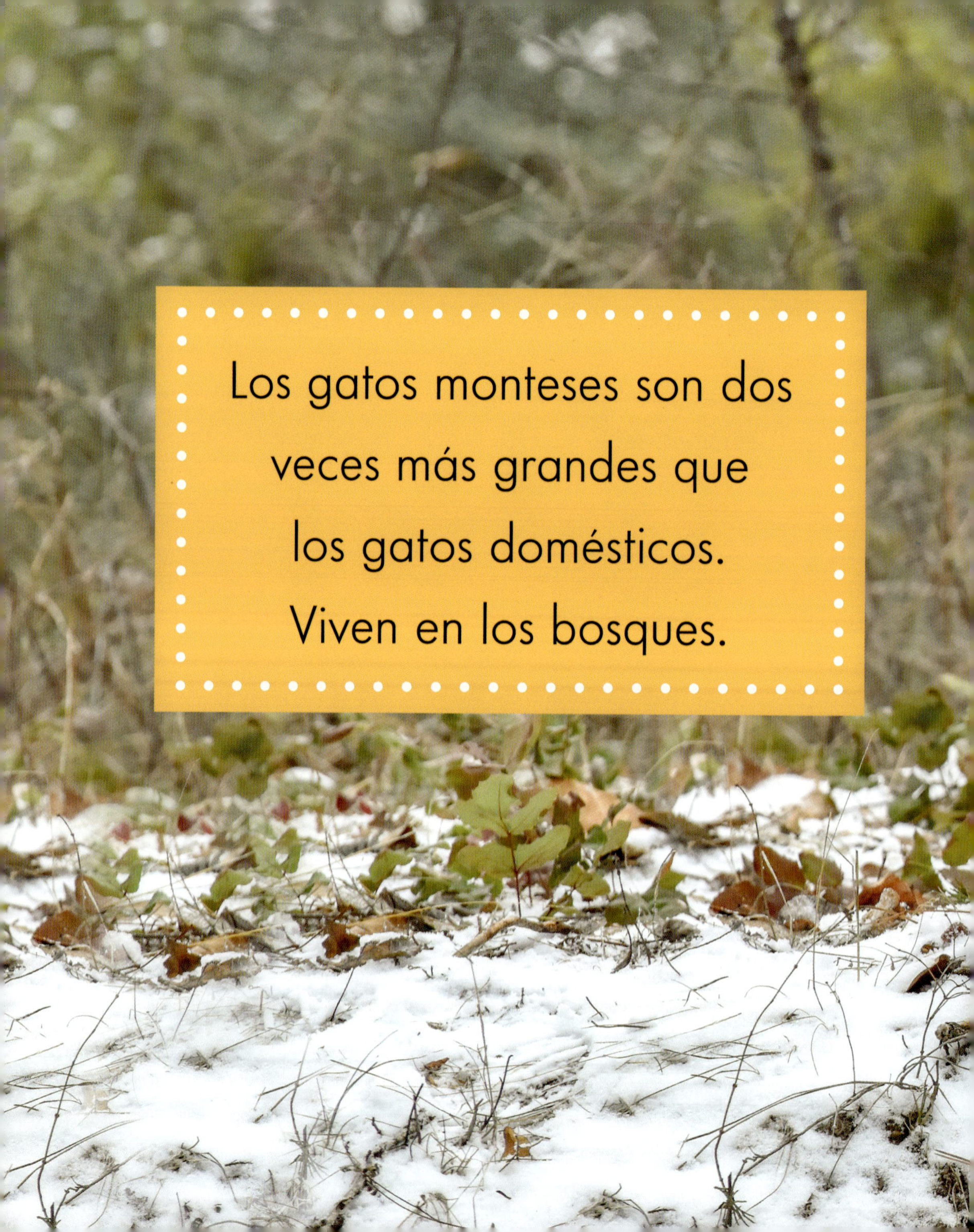

Los gatos monteses son dos veces más grandes que los gatos domésticos. Viven en los bosques.

cola

¿Ves la cola corta? Está recortada. El gato montés se caracteriza por su cola.

ojos

¿Ves los ojos? Pueden ver en la oscuridad. Un gato montés caza de noche.

¿Ves las marcas? Tiene manchas y rayas. Ayudan al gato montés a esconderse.

marcas

¿Ves las patas? Un gato montés puede saltar lejos. Atrapa conejos.

patas

Una cría de gato montés mira
a su mamá. Aprende a cazar.

cola

marcas

¿Lo encontraste?

ojos

patas

Spot es una publicación de Amicus y Amicus Ink
P.O. Box 1329, Mankato, MN 56002
www.amicuspublishing.us

Library of Congress Cataloging-in-Publication Data
Names: Thielges, Alissa, 1995- author.
Title: Los gatos monteses / by Alissa Thielges
Other titles: Bobcats. Spanish
Description: Mankato, MN : Amicus/Amicus Ink, [2021] | Series: Spot gatos salvajes | Audience: Ages 4–7 | Audience: Grades K–1
Identifiers: LCCN 2019050237 (print) | LCCN 2019050238 (ebook) | ISBN 9781645491804 (library binding) | ISBN 9781681527093 (paperback) | ISBN 9781645492061 (pdf)
Subjects: LCSH: Bobcat—Juvenile literature.
Classification: LCC QL737.C23 T47353318 2021 (print) | LCC QL737.C23 (ebook) | DDC 599.75/36—dc23
LC record available at https://lccn.loc.gov/2019050237
LC ebook record available at https://lccn.loc.gov/2019050238

Impreso en los Estados Unidos de America

HC 10 9 8 7 6 5 4 3 2 1
PB 10 9 8 7 6 5 4 3 2 1

Gillia Olson, editora
Deb Miner, diseñadora de la serie
Ciara Beitlich, diseñadora de libro & investigación fotográfica

Créditos de las imágenes: Alamy/Stephen J. Krasemann 6–7; Getty/Louise Heusinkveld 3; Getty/Carol Gray 12–13; iStock/Chuck Schug Photography 8-9; iStock/oneword 14–15; Shutterstock/Evelyn Harrison 4–5; Shutterstock/Warren Metcalf 10–11; Superstock/M. Watsonantheo/Pantheon cover, 16; Shutterstock/Geoffrey Kuchera 1

Surviving History

THE PLAGUE

Virginia Loh-Hagan